獻 給 小 麥 克 …

果醬女王之
Queen of the Confitures
法國藍帶級甜點

發酵！發酵！再發酵的人生

除了圓圓的臉，現在的美芮，很難找出一點「胖胖」的影子了。

我是在她圓滾滾的「胖胖」時期相遇的，那時，她才 16 歲，朋友都叫她「胖胖」。當時我剛發表第一張專輯，唱片大賣，信多到只能看，無法一一回。美芮是那種「鐵杵型」的粉絲，她不停的來信，等我注意到的時候，她已經寫到 41 封信了（是的，她都有編號），為了「與眾不同」，美芮自製大信封，一封比一封大，在一堆信海中，特別醒目。

我其實是很討厭寫信的，特別佩服這種很能寫信的人，破例回了信，於是，就有幸見證了美芮從青春「胖胖」期，到減重 20 公斤，美豔到把鎖骨瘦得露出來，酷似李心潔的「青春歐巴桑」年代。

笑起來有小酒渦的美芮，是由 30％的卡通小甜甜＋ 30％的憤青＋ 40％的宇宙無敵超強毅力組成的。給「偶像」不停的連續寫 41 封信算是小菜一碟，她學英文才是真正發威。

去加拿大遊學前，美芮只認得 26 個字母，英文破到不行，誰都沒想到，兩年後她帶回來帥哥小麥克，還有說、讀、寫都讓人刮目相看的英文。

成長過程吃苦多過吃補的美芮，吃苦不當回事，唯有愛情，苦藥吞了又吞，總不見效。後來她想通了，與其淚珠點點，憶苦思甜，還不如化苦為甜嘉惠眾人。

有段時間，我和同事總有吃不完的鳳梨酥（是的，我是她的第一批實驗小白鼠）。接下來是餅乾，然後是麵包，然後…然後，她就宣佈要去巴黎藍帶學法式糕點和料理！

美芮在巴黎「吃補」了三年，修來雙料金牌畢業，她回台北後，我先嚐到了果醬（是的，她成了果醬女王），然後是各式各樣極其精美的蛋糕、餡餅、派、餅乾（是的，我們終於擺脫了鳳梨酥）。她不但從藍帶學到了奶油、糖、蛋、麵粉、酵母和香料的種種神奇變化，也學會了溫度、速度、力度的不同面貌。

當然，還有烘焙中，如愛情般灼熱的心意，熱戀時迅速膨脹起來的愛意，以及燙傷了也不退縮的情意。

傷心時，有什麼比揉、甩麵糰更能化悲憤為力量呢？分手後，突然空出來的時間，為自己烤一個巧克力蛋糕，不比到處跟朋友哭訴來得強嗎？

美芮把夢想當做酵母，不管現實遭遇過什麼，總是不斷努力著要讓她的人生像發酵、再發酵的麵糰。

現在烤爐預熱好了，美芮夢想已久的糕餅人生就要烤製成型，端上來了！

音樂人 姚謙

甜點不可告人的祕密

進入藍帶學校，鐵定增胖 20 磅

2006 年我在巴黎藍帶學校學習製作法式糕點，校內有一個中庭，叫做冬季花園，這裡是學生交際休息的地方。裡面有張桌子，上面經常擺著各式各樣的甜點，這些全是甜點課同學們的精心傑作，帶回家還不如分享，這也是一個減肥的好辦法。相形之下，料理班的菜就特別珍貴，剛下課的學生總會把菜帶回家，展示自己的厲害之處，或者在花園內當眾吃光，讓旁觀的同學狂吞口水，但只要想吃，大家還是很樂意分享。

那一天，花園內照例擠滿了學生，好不熱鬧，我看到許多學姐和佛蘭多學長在聊天，便靠近湊一腳。大家討論的話題仍舊圍繞在吃的上面，昨晚到哪裡吃？哪間餐廳必訪？主廚用了哪些技法做菜？交換寶貴意見之外，忽然有人提到身材變了，衣服愈穿愈緊這件事，大家不約而同的搖頭、交換眼神，卻又帶著滿意的微笑，這些快樂的胖子，讓"體重"成為自己對美食投入的最佳證據。

佛蘭多以專家的口氣，轉過頭對我說：「和你分享一個祕密，這個祕密就是——在藍帶鐵定會增加 20 磅，你要記住！」

話完，在座學長、姐們猛點頭，露出一臉校方會出面為這件事負責到底，大家已經得到一點補償的表情，順手拿起桌上的千層派，宣示要把自己養成美味可口的樣子，才不會砸了藍帶這塊招牌，學長、姐對於減肥的憂慮，頓時感覺有些多餘。

更何況有許多歐美國家體型高大的同學，把來自亞洲同學的身材襯托的更苗條，於是很容易陷入吃不胖的自我催眠中，加上剛領到的學生廚師服，都比自己的身材大兩號，校方好像已經暗自幫大家設想過，省去不斷有學生想換 SIZE 的麻煩。

想和甜點談戀愛，最直接的方式就是品嘗，蛋糕的組織體、奶油醬的質地、巧克力的苦甜層次、水果塔的硬脆度、水果凍的酸甜、整體風味和平衡感，當然還有欣賞裝飾的重點。

剛開始接觸法式糕點時，當然不會放過任何一間糕點名店和名師名店的朝聖機會。我很認真的吃，每天在課堂試吃主廚示範的甜點，加上自己做的，常被甜膩到連吞嚥口水都覺得有糖漿梗在喉中，往往一整天只吃甜點當早餐，吃完之後，接著進廚房做甜點，下課後，在面對成績比同學差和擔心跟不上的壓力下，看著其他食物時常沒有食欲，直到第二天，早餐依舊還是吃甜點。

經過三個月，我的體重不但沒有增加，還瘦了好幾公斤，就這樣結束了甜點初級班的課程。

目録
Content

果醬女王之
Queen of the Confitures
法國藍帶級甜點

part 1

戀上甜點

L'amour de dessert

換一個甜點愛人

做甜點與談戀愛，其實有很多相似的地方，有很甜蜜、快樂的蜜月期，有挫敗、困難重重的磨合期。做甜點和愛人相處一樣，需要花時間和耐性，如果因為沒有愛人，或是剛好失戀，就跑去做甜點，這是絕頂聰明的選擇，但是背後也走向另一個愛的漩渦的開始。

甜點入門很容易也很甜蜜，只要按部就班照著食譜書的指示，舉凡餅乾、布丁、起司蛋糕…等第一次做就上手的甜點，不僅簡單又快速，許多食譜書也打包票，鐵定成功！

親手做的甜點，呈現在眾人面前時，帶來的莫大成就感，往往會把人直接捧上天。第一次就成功，證明自己有天份，當你分享給親友品嘗，換來的讚美聲，又再次證明了自己是大家心目中甜點界新誕生的天才。

無形中，飄飄然的心情幫助你飛上天，尋找一片屬於自己的甜點天空。

一頭栽入甜點的甜蜜世界中，第一件事就是購物。購物能滿足和修補受傷的心靈，每一種不同的模型尺寸和用途的器具，是完成甜點的必要物件，從大至小，從烤箱到餅乾壓模，為了一應俱全，於是廚房空間漸漸被占據，各式各樣新鮮與乾燥的食材和器具設備，取代了鍋碗瓢盆。

接著就是製作技術，為了能證明我可以的，基礎糕點無法達到自我滿足，便朝向製作高難度等級甜點邁進，所以到處上廚藝課、拜師學藝、買書研究和品嘗，大街小巷的甜點店全不放過，甜點已逐漸成為我的生活重心。

讓甜點變成自己的愛人，它不會背叛你，它會隨著你的心情起伏起舞，如果堅持，就會讓自己一輩子有戀愛的感覺吧！

旅行蛋糕 4×4

就讀藍帶甜點中級班時，每個週末我早已偷偷的在麵包店實習，那是位於巴黎十三區的 Eric kayser 麵包店，店內設有大廚房，而我被分配到甜點部門。

每週六早上的重頭戲是，我必須完成兩百個以上的大、小各樣水果塔。塔皮由麵包部門製作完成，我負責將奶油餡灌進塔內，再鋪放上水果，送進烤箱。

同一時間，甜點師傅們則攪拌麵糊，製作大量的法式水果蛋糕，以柳橙和檸檬口味為主，烤好的蛋糕淋上糖漿，擺放一片糖漬檸檬碎果肉或糖漬柳橙片，即使沒有過多的裝飾，仍舊是長期暢銷。

這種蛋糕叫做 4×4（quatre quatre），據說最早製作是使用一杯奶油、一杯麵粉、一杯砂糖和一杯雞蛋而命名，我們將麵糊舀進長方形的錫箔蛋糕盒中，一起放進烤箱烘焙。

我總是急著想完成手上的工作，才能參與水果蛋糕的製作和裝飾，才會快樂的面對，下午機械式的做完五百個杏仁奶油可頌，按規定要在晚班的麵包師傅出現時，製作好費南雪蛋糕麵糊，因為下班的時間到了。

我喜歡沒有奶油的蛋糕，旅行的時候，如果不知道什麼時候想吃甜點，那麼水果蛋糕是吃不膩、方便又適合任何時刻與人一起分享的好選擇。

材料：奶油 185g、砂糖 125g、蛋 3 顆、鹽 1 小匙、玫瑰花水 40g
低筋麵粉 250g、泡打粉 7g、肉桂粉 5g、葡萄乾 30g、蔓越莓 20g
康圖酒 50ml、杏仁片 20g

裝飾：糖粉、杏仁片

工具：（a）烤盤上需要鋪上烤盤紙
（b）心形慕斯模，圈內塗抹上奶油，放在烤盤上，備用

做法：

1 將已軟化的奶油與砂糖放入不鏽鋼盆一起混合，打發至砂糖與奶油乳化成黃白色。

2 再加入蛋、鹽、玫瑰花水混合，麵粉、泡打粉、肉桂粉一起過篩後，分次一邊混合一邊拌入麵糊中。

3 葡萄乾、蔓越莓浸泡在康圖酒中，等待水果乾吸收酒味後，瀝乾備用。

4 將泡過酒的果乾加入做法 (2)，輕輕拌均勻後，將麵糊倒入已放在烤盤上的模型內，約 7 分滿，取抹刀將表面抹平，再撒上杏仁片。

5 烤箱預熱至 180℃，放入蛋糕，烘焙時間大約 30 分鐘，當蛋糕表面稍微上色時，將烤盤取出調頭，再繼續烤至蛋糕表面呈現金黃色。

6 使用小刀插入蛋糕中心，麵糊不沾黏刀，表示完成烘烤。

7 蛋糕出爐後，立刻移離開熱烤盤，放置在烤架上待涼。

裝飾：表面一半撒上杏仁片、一半撒上糖粉。

··· Tip ··

● 水果蛋糕與鮮奶油、水果醬汁或冰淇淋很適合一起做為餐後甜點，也可以切成小塊當下午茶小茶點。

藏在貝殼中的吐司

學習法式糕點後才發現，其實法國人喜歡吃水果塔或者餡餅，對吃蛋糕卻是十分挑剔。

法式茶點中，如果有四大天王那該是馬卡龍（Macaron）、費南雪（Fernanere）、可麗露（Canele）和瑪德蕾妮（Madeleine）。法國蛋糕的特色：濃縮、潤澤、耐嚼，它們的共通點是吃的時候不會掉蛋糕屑。

試想，十七世紀上層階級的法國仕女，若是優雅的拿起一片蛋糕，咬一口卻掉落滿桌蛋糕屑，會是多麼尷尬的事，最令人害怕看到的場面是，紳士的衣領或鬍鬚上沾著午茶的痕跡。

可麗露是 "溝槽" 的意思，黑褐色的可麗露，咬起來的口感很有彈性，馬卡龍、費南雪和瑪德蕾妮，使用部分杏仁粉替代麵粉。馬卡龍的外皮酥脆、內餡軟滑，令人無法抗拒。而貝殼形狀、豐腴又圓潤的瑪德蕾妮蛋糕，曾經出現在法國大文豪普魯斯特的《追憶似水年華》第一部 ，在斯萬家那邊，聲名大噪，作者說：「阿姨總會給我他在茶中浸泡過的瑪德蕾妮蛋糕。」

普魯斯特早期文章寫道：「我把吐司浸泡在茶裡，當我把它放在嘴裡時，忽然感覺到天竺葵、橘樹盛開的芳香，以及一股特殊的光亮與快樂。」，這是他後來這本偉大巨作的前身。

事實上，普魯斯特吃的是烤吐司，瑪德蕾妮是沒有蛋糕屑的。
藏在貝殼中的原來是吐司。

瑪德蕾妮蛋糕

俏皮又搶眼的瑪德蕾妮蛋糕是茶點中的明星，有人認為這是最能代表法國的甜點之一，最大的特色是貝殼造型，不管有多少新開發各式各樣的新口味，貝殼的形狀絕對保留，傳統做法並沒有使用泡打粉，所以本書也和大家分享兩種不同的做法，一種是使用蛋白打發來做的瑪德蕾妮蛋糕，另一種則是用泡打粉來做的蜂蜜瑪德蕾妮蛋糕。

A 經典瑪德蕾妮

貝殼模型：第一層塗上奶油，再撒上麵粉，瀝掉多餘的麵粉

材料：蛋5顆、低筋麵粉150g、砂糖150g、奶油（溶化）70g

做法：

1 奶油溶化後，冷卻備用。

2 蛋黃與2/3糖混合後，加入麵粉（已過篩）再加入溶化奶油混合。

3 蛋白加入1/3砂糖一起打發至乾性發泡後，與做法（2）混合。

4 將麵糊裝入擠花袋（或使用湯匙），將麵糊裝入模型中。

5 放入烤箱以180℃烤約15～20分鐘，直到表面膨高，貝殼有線條那一面呈深金黃色。出爐後，馬上脫膜，冷卻。

B 蜂蜜瑪德蕾妮

材料：全蛋3顆、砂糖130g、低筋麵粉150g、奶油（溶化）125g、蜂蜜20g
鹽5g、橙皮1顆、泡打粉10g

做法：

1 將奶油溶化，冷卻後備用，麵粉、泡打粉一起過篩，柳橙削出約5g皮屑。

2 全蛋與糖、蜂蜜、鹽與橙皮屑混合在一個不鏽鋼大缽，再加入麵粉、泡打粉，最後加入溶化奶油，混合後的麵糊可靜置一晚或者兩小時。

3 將麵糊裝入擠花袋，或使用湯匙，將麵糊裝入模型中。放入烤箱以180℃烤約15～20分鐘，直到表面膨高，貝殼有線條那一面呈深金黃色。出爐後，馬上脫膜，冷卻。

Madeleines
關於瑪德蕾妮的傳説…

A 由 Jean Paul de Gondi 的私人廚師 Medeleine Simonin 於 1661 年在 Lorraine 的 Commercy 城中的 Cardinal 廚房發明的。

B 西元 1755 年，在法國東北方的洛林省（Lorrain），法王路易 15 的皇后瑪麗（Marie Leszczynski）的父親波蘭大公史塔尼斯拉斯‧雷斯林司基（Stanislas Leszczynski）所管轄，公爵對於文學藝術與美食都有獨到見解，而貝殼形的瑪德蕾妮蛋糕，便是由其宮廷一位年輕女僕所發明，據說當時公爵正在宴客，而負責甜點的師傅鬧情緒而拋下工作，臨時受命要負責當天甜點的女僕便急中生智，將自家常吃的甜點，蜂蜜與麵粉、奶油混合後放在模型中烘焙，這位來自孔梅西城（Commercy）的年輕女孩名為瑪德蓮‧波米耶（Madeleine Paulmier），因此便以其閨名 Madeleine 為蛋糕命名。

C 最早瑪德蕾妮蛋糕吃法是將蛋糕沾上紅茶一起吃，法國文學家，馬歇爾‧普魯斯特（Marcel Proust）在其著作「追憶似水年華」中，也曾提及早年母親為他準備的瑪德蕾妮蛋糕搭配紅茶的滋味，可見瑪德蕾妮蛋糕也是一款充滿懷念回憶的 Home made 手工蛋糕。

Oh lalala，和巧克力談戀愛之前

Oh la la la 是法文口語表達，意思是：我的天呀！我的媽呀！我想用它來形容：天呀！怎麼會有那麼好吃的巧克力蛋糕！

激情像是巧克力的上線，只要 copy 上線的武林秘笈，巧克力激情就能成倍數成長。據說巧克力裡含有 PEA（苯乙胺醇），這種物質和戀愛時身體所分泌的物質相同，都能讓人感到愉悅，所以吃巧克力會讓人有戀愛的感覺。

吃巧克力和吃蛋糕一樣，都是放鬆心情的好選擇，但是吃太多巧克力之後，萬一塞不進去牛仔褲的時候怎麼辦呢？

其實巧克力不是甜的，加了糖，巧克力才會有甜味，加了牛奶和糖就是牛奶巧克力，白巧克力的甜度則是最高。

做巧克力蛋糕很棒的是第一次就能成功，但是在做蛋糕之前，要先將手洗得特別乾淨，因為當巧克力融化，沾滿你的雙手時，最直接的清潔方式就是"吃"乾淨。

歐拉拉（Oh la la）蛋糕

材料：64％黑巧克力 750g、無鹽奶油 150g、蛋黃 75g、砂糖 125g
　　　可可粉 90g、即溶咖啡 25g、裝飾：紅醋栗與藍莓

香提鮮奶油：鮮奶油 250g、砂糖 25g

做法：

1 將巧克力切成小塊狀，放在不鏽鋼小缽中，移至爐火上，以隔水加熱方式溶化（溫度約 55℃），後加入奶油（切成小塊），混合均勻。

2 可可粉過篩備用。

3 使用攪拌器，將蛋黃和砂糖混合在一個不鏽鋼大缽中，打發至砂糖溶化，與做法(1)混合，最後加入可可粉和即溶咖啡。

4 將麵糊擠入器皿中，冷藏約兩小時至巧克力變硬。

5 將鮮奶油打發後，再加入砂糖，並將鮮奶油打成硬發，取一擠花袋將鮮奶油裝入備用。

裝飾：將巧克力蛋糕取出，表面任意擠上香提鮮奶油，並點綴性加入紅醋栗與藍莓

⋯ Tip ⋯⋯⋯⋯⋯⋯⋯⋯⋯⋯⋯⋯⋯⋯⋯⋯⋯⋯⋯⋯⋯⋯⋯

● 這道 Oh la la 巧克力屬於免烘焙的冷藏蛋糕，最好在前一天完成，食用前再擠上鮮奶油或以水果裝飾。

百分之百簡單易做的米布丁

第一次做就能上手的甜點就是米布丁，誰都能擁有屬於自己的獨特口味。世界各國的米布丁都有屬於自己當地的風味，歐美各國市面上米布丁的點心與優格一樣普遍。

這是一道百分之百簡單易做的甜點，配方可依心情來調整。

水果米布丁

A 米布丁

材料：圓米 100g、全脂牛奶 250g、椰奶 250g、砂糖 35g、半根香草豆莢

做法：

1 將圓米洗淨瀝乾水份後，放入大鍋。

2 香草豆莢將籽取出，連同豆莢一同與牛奶、椰奶放入圓米大鍋中，與米浸泡約 20 分鐘。

3 移至爐火上，以小火煮滾至米熟，其間要不時攪動鍋底，以防米粒沾黏鍋底燒焦，米熟之後關火，不需要將米煮至太軟，或醬汁全部收乾（米冷後會吸水）。

4 取出香草莢，洗淨後晾乾，可當成裝飾使用。米布丁放涼備用。

B 覆盆子泥醬

材料：覆盆子泥 125g、糖粉 27g、檸檬 1/2 顆

做法：

覆盆子泥加上檸檬汁，放在鍋中移至火爐上加熱，再加入已過篩的糖粉，攪拌均勻後，離火，放涼備用。

C 水果裝飾：

材料：蘋果 1 顆、火龍果 1 顆、奇異果 1 顆、木瓜 1/4 顆、葡萄柚 1 顆
　　　檸檬 1/2 顆、檸檬汁 1/2 顆、少許紅醋栗、少許藍莓、少許葡萄

做法：

蘋果、火龍果、奇異果、木瓜、葡萄柚去皮、去籽、果肉切成厚度約 2 公分大小一致的半圓形片。水果片上擠上檸檬汁，備用。葡萄柚片下果肉備用。

組合：

取一圓形深湯盤，使用小刷子將檸檬汁刷在盤底與盤面，增加風味。

首先淋上適量的覆盆子醬，再覆蓋上一層米布丁。接著將水果依序從後至前站立排列，葡萄柚果肉則在四週鋪列成圓圈。裝飾擺上葡萄、紅醋栗、藍莓、插上香草豆莢。

Tip

● 法式米布丁的濃稠度，可依喜好自由調整，米的種類以使用圓形米較普遍。

● 水果可隨季節改變。若無覆盆子泥可用冷凍覆盆子或新鮮覆盆子、加上適量糖漿攪拌成泥。

酒漬櫻桃派

Clafouti 是一道非常快速、簡單，冷熱皆宜的不失敗的甜點，這道傳統的法式點心，據說起源於法國中部利姆讚省（Limousine），這裡也是法國瓷器最有名的產地，當地人將 Clafouti 放入瓷盤中烘烤，原本是因為沒空才匆匆湊合著當成餐後甜點，後來反而因為盛裝的瓷器美不勝收，讓人激賞。

傳統的 Clafouti 使用新鮮櫻桃製做，當櫻桃盛產時，家家戶戶開始製做 Clafouti，隨著烘烤溫度增加，櫻桃汁和麵糊結合後，散發出飽滿的香氣。隨四季不同，改用不同的新鮮水果或果乾來烘焙，做出千變萬化的甜點，組合方式很簡單，放在瓷器盤內，底層是水果，表面淋上麵糊，當烤箱發出濃濃的奶香味，麵糊脹得高高胖胖飽飽的就可以出爐。

Clafouti 滑順的組織有點像法式奶油布丁派，很適合當成早餐或餐後甜點，搭配鮮奶油，充滿春夏氣息，是公認最能有效提振心情的人氣甜點。

材料：酒漬櫻桃 60g、紅糖 30g、全脂牛奶 300cc、全蛋 3 顆、糖 110g
　　　香草粉 1 茶匙、溶化奶油 60g、低筋麵粉 50g、杏仁粉 50g

裝飾：細糖粉

做法：
1　烤箱預熱至 160℃。器皿四週與底部塗上奶油備用。
2　酒漬櫻桃對切備用，麵粉與杏仁粉過篩備用、奶油溶化備用。
3　牛奶放在爐火上煮滾，將紅糖與砂糖分次加入，攪拌至糖溶化後，移開火爐。
4　依序再加入蛋、麵粉和杏仁粉，混合後成稀麵糊，最後加入奶油拌勻，過篩備用。
5　器皿底部先放入 2/3 櫻桃，再淋上麵糊，約至模型 8 分滿，然後平均於表面放入 1/3 櫻桃。
6　烤箱預熱至 160℃，放入麵糊烤至高漲，表面呈金黃色，時間約 25 分鐘。食用前撒上糖粉做裝飾。

crêpe 中的活力

法式薄餅（crêpe）的發源地是法國西北的布列塔尼（Brittany），crêpe 這個字在法文指的是，平底鍋中捲曲的薄煎餅，crêpe 有甜和鹹兩種，這是法國的國民點心，一般在路邊攤就能方便買到。在咖啡店或餐廳的菜單上，crêpe 常被列做前菜、主菜或甜點。

法國名菜「威靈頓牛肉」的做法，就是將牛肉條捲起來，用薄餅包裹起來，外層再包上麵包皮來烘烤，法式薄餅有雙重作用：一是防止肉汁流出，二是留住風味。

crêpe 就像是法式 pancake，和美式 pancake 最大的差別是，美式有厚度且鬆軟，看起來像日本銅鑼燒的外型，基本吃法是淋上糖漿和蜂蜜。法式則是一張薄而平扁的柔軟餅皮，類似春捲皮的外型，可任意折疊，甜的通常會加上果醬、砂糖或巧克力榛果醬一起吃，鹹的採用蕎麥粉製作餅皮，再加上起司、生菜，被稱為「Galette」。

藍帶學校的甜點課沒有教學生做 crêpe，但是我還是學會了做法，2007 年二月，也是我來到巴黎的第八個月，學校在冬季花園舉行聖蠟節（La Chandeleur）慶祝活動，活動內容就是吃節慶相關的美食和喝香檳酒，校園內每一桌都擺滿了薄餅 crêpe、炸甜甜圈（Beignet），由於薄餅和甜甜圈太美味，所以一下子就被吃光了。

我很好奇這些甜點是如何做出來的，便偷偷的溜進教室內，料理大廚菲利浦先生和甜點大廚史考特先生正在忙著煎餅，我主動打完招呼後，硬著頭皮站在一旁觀看，學習如何煎薄餅和調製薄餅糊的濃稠度。

雖然每位藍帶大廚都很有威嚴，常常讓學生不由的心生畏懼，但是他們幫助每一個樂於學習的學生，如果主動的認真向學，大廚會對你有更多、更嚴厲的要求，這些訓練，讓我在畢業很多年之後仍滿懷感激。

法式薄餅與奶油蘋果

A 奶油蘋果餡

材料：軟化奶油 50g、糖 20g、檸檬汁 1/2 顆、青蘋果 2 顆

做法：

蘋果去皮、去籽後，切小丁，擠上檸檬汁，將蘋果放入平底鍋內拌上糖，移至火爐上，以小火將蘋果煮至軟化收汁。平底鍋離火後，加入軟化的奶油，拌勻。

B 法式薄餅

材料：低筋麵粉 250g、砂糖 50g、鹽 2g、全蛋 300g、牛奶 500cc
　　　康圖酒 20cc、焦化奶油 125g、檸檬皮屑 2g

做法：

1　製作焦化奶油：將奶油放入小鍋中，移至火爐上加熱，直到鍋底出現奶油燒焦，變深咖啡色及飄出焦香的奶油味道，離火，冷卻後備用。

2　低筋麵粉過篩備用。

3　將全蛋、牛奶混合在一個不鏽鋼大缽中，拌勻，再加上砂糖、鹽、康圖酒、檸檬皮屑及麵粉，混合均勻，最後加上焦化奶油拌勻。

4　取一個過篩網將麵糊過篩後，冷藏，可靜置一天後使用。

5　將平底鍋放在爐火上，加熱，等待平底鍋溫度已經非常熱，舀上一大匙麵糊，手持平鍋底，快速將麵糊平均轉成與鍋的直徑大小相同的圓形，平底鍋放回火爐上，等待鍋邊四週、薄餅皮開始出現燒焦顏色，才可以翻面，翻過來的餅皮應呈金黃色，約 5 秒鐘，不需要讓另一面的餅皮上色，便可以迅速起鍋。

組合：

將一張薄餅攤開，中間放入奶油蘋果餡，由四週向中間靠，將餡餅綁成糖果形，最後用已使用過的曬乾香草豆莢綁住封口。

⋯ Tip ⋯

● 酒、檸檬可以加自由調整多寡

● 薄餅煎的越薄越好，餅皮會破，大多是太早翻面，翻面之後，就可以迅速起鍋，煎太久薄餅會太硬。

● 煎第一片薄餅之前，為防止平底鍋黏鍋，可以先擦上一點奶油。

早安！費南雪女士

那一年在巴黎的 Eric Kayser 麵包店實習時，chef 要求我做完費南雪才能接著做其他甜點，所以每天開工後，前兩個小時我都是低著頭，默默努力將手邊的費南雪麵糊擠進迷你的黑色軟烤模中。

按廚房習慣，剛進廚房者都要主動和正在工作中的每一位同仁問好。

早安！費南雪女士(Bonjour ！ Madame Financier)，每一位同仁拍著我的手，跟我這樣問候，後來我明白，新手進入點心房工作一向要先當上三個月的費南雪小姐女士或先生再說。

法式費南雪(financier，法文也是銀行家、有錢人的意思)蛋糕，又稱為銀行家小蛋糕，發源於金融圈，當時有許多在忙碌的證券交易所和銀行工作的人，經常沒有空吃午餐或拿著刀叉優雅自在的享受甜點，一家位在巴黎 Sainc-Denis (La Rue Sainc-Denis)路上的甜點店，當時的主廚 Lasne 靈機一動，設計了這款吃起來方便，乾爽又不黏手的下午茶點。

迷你費南雪蛋糕

....

A 巧克力配方

材料：杏仁粉 100g、糖粉 200g、低筋麵粉 25g、蛋白 125g、可可粉 25g
焦化奶油 100g

做法：

1 烤箱預熱 170℃。

2 將奶油放在鍋中，移到爐子上，加熱直到鍋底的奶油部分出現燒焦並傳出香味。

3 將低筋麵粉、杏仁粉、糖粉，可可粉全部過篩，再與蛋白均勻混合，最後加上奶油拌勻。

4 將麵糊放入擠花袋中，擠入模型中。

5 以 170℃，烘焙約 15 分鐘，烤盤轉頭後繼續烤至上色。

....

B 香草紅醋栗配方

材料：奶油溶化 160g、低筋麵粉 80g、杏仁粉 120g、砂糖 280g、蛋白 180g
泡打粉 1g、少許香草精、少許紅醋栗

做法：

1 將奶油放在鍋中移到爐子上加熱溶化備用。

2 將低筋麵粉、杏仁粉、泡打粉全部過篩，與砂糖、香草精、蛋白混合均勻，最後加上奶油、麵糊攪拌均勻。

3 將麵糊放入擠花袋中，模型底部放入一顆紅醋栗，再擠入麵糊。

4 以 170℃烘焙約 15 分鐘，烤盤轉頭後繼續烤至上色。

⋯ Tip ⋯⋯⋯⋯⋯⋯⋯⋯⋯⋯⋯⋯⋯⋯⋯⋯⋯⋯⋯⋯⋯⋯

● 奶油的四種不同狀態說明：

奶油塊：從冰箱拿出來的奶油，是低溫堅硬狀態，固態使用。

奶油軟化：並非溶化，使用手指按下會變形，固態奶油使用。

溶化奶油：將奶油放在爐火或微波爐上加熱溶化，底層沉墊白色油脂，液態使用。

焦化奶油：將奶油放在爐火上，煮到奶油在鍋底漸漸出現燒焦狀，並有焦香氣味出現，製作糕點時能增添特殊香味，液態使用。

....

布列塔尼餅乾

最早的布列塔尼餅乾，是在 1848 年由一位甜點師傅 Dubusc 所研發出來，他運用當地大量生產的奶油再混合麵粉、雞蛋等等材料，做出這款有著濃濃奶香的酥餅，烤盤先抹上奶油之後，再將麵糰倒入，表面裝飾則以刀尖劃上條紋，切片後趁熱食用。

這是一款人見人愛的奶油餅乾，表皮酥鬆，加上介於餅乾和蛋糕之間的柔軟口感，加深了它的獨特性，最適合搭配濃苦的黑咖啡。

材料：低筋麵粉 120g、無鹽奶油 90g、糖粉 80g、蛋黃 2 顆、鹽 8g
　　　新鮮酵母 8g、香草精少許

做法：

1　奶油軟化備用，糖粉、麵粉分別過篩備用。

2　將糖粉與奶油混合在不鏽鋼的大缽內，之後加入蛋黃、酵母，使用橡皮刮刀將所有材料混合後，最後再加入鹽、麵粉和香草精，所有的材料混合成麵糰。

3　將麵糰放入冰箱冷藏一小時後，待麵糰變硬後取出使用。

4　麵糰擀成約 4 公分厚，使用小慕斯圓圈，蓋出圓形餅乾狀，直接擺放在烤盤上，擺放時，留出餅乾之間的間距。

5　送進烤箱以約 180℃約 20 分鐘。

Tip

● 也可以將餅乾放入模型內一起烘焙，烤出厚厚的餅乾，更像布塔尼酥餅 (galette)

南特奶油餅乾

法國西邊被喻為大西洋微風的城市南特 Nantais，在 18 世紀航海時代，曾是一個負責南北法與西歐的轉運大港，南特奶油餅乾的特色，除了大量使用布列塔尼區盛產的奶油之外，餅乾表面劃上三條長長的線條，是用來象徵帆船上面的 3 條船桅，圓形的傳統奶油酥餅，當時非常受到水手們的喜愛，現在是法國學生最愛吃的下午茶餅乾。

材料：低筋麵粉 300g、無鹽奶油 150g、砂糖 150g、泡打粉 10g、全蛋 1 個
牛奶 25g、黃檸檬皮屑 1 小撮、肉桂粉 1 小匙

裝飾材料：咖啡＋全蛋＋水

做法：

1 麵粉、泡打粉、肉桂粉過篩備用、奶油軟化備用。
2 將牛奶與糖一起放入小的不鏽鋼盆混合，等待砂糖稍微溶化。
3 麵粉與奶油一起放入大的不鏽鋼盆混合均勻，加入肉桂粉、泡打粉一起混合，再與做法（2）混合，之後加入全蛋與檸檬皮屑。
4 麵糰整型成糰，放入冰箱冷藏兩小時。
5 取出麵糰，使用擀麵棍，將麵糰展開成厚度約 5 公分高，取一個圓或方模（形狀可依個人喜好），蓋在餅乾皮上，並直接放入烤盤上。
6 剩下餅乾皮可以重新揉成糰，放入冰箱冷藏，鬆弛約 20 分鐘後，再擀成餅乾皮。

裝飾：

打勻蛋液，加上少許咖啡粉，混合少許水，調成一碗咖啡蛋液。取一支毛刷，將咖啡蛋液，刷在餅乾表面，等待咖啡蛋液乾後，再塗上第二次，取一根叉子劃出三條長線。放入已預熱烤箱 160℃，烤約 20 分鐘左右，烤到表面上色，餅乾厚度與底部也均勻烤成金黃色。

··· Tip ···

● 奶油需室溫軟化使用，整型時不須要使用麵粉，整型所使用的模型和長線的畫法，都能自由發揮。

手工餅乾難不難

在藍帶學習製作甜點時,所有製作流程遵循古法,餅乾、塔皮、蛋糕,連麵包也是一樣,學生不能使用電動攪拌器,這是有原因的。

上課時,這裡忙著打發蛋白,那邊又要打發鮮奶油,做一個蛋糕變得非常費勁,從頭到尾,除了緊張的情緒、腳痠、手麻,還得要急急忙忙的趕在下課前交出成績,製作糕點需要了解過程,以及手上的食材,每一階段的變化都必須親自摸索,並在錯誤中學習。

手工餅乾是基礎中的基礎,鑽石餅乾是很受歡迎的法式餅乾。好吃又好看的餅乾,在高級法式茶點中不可缺席,那麼做餅乾難不難呢?

把手工餅乾做出來,一點都不難,但是要把手工餅乾做得像同一個模子出來的,卻是一點都不簡單。

鑽石餅乾

A 黑鑽石餅乾

材料：低筋麵粉 200g、可可粉 18g、奶油 148g、糖粉 64g、蛋黃 10g
肉桂粉 3g、豆蔻粉 3g、玫瑰岩鹽 3g、咖啡粉（加熱水溶化）3g、砂糖 5g

裝飾：砂糖 500g

做法：

1 麵粉、可可粉、肉桂粉、豆蔻粉、糖粉，過篩備用。奶油切成小塊。

2 將麵粉與奶油放在一個不鏽鋼大缽中，混合成砂狀後，再依序加入做法(1)其他材料及玫瑰岩鹽拌成麵糰，最後加入蛋混合成麵糰。

3 將麵糰用保鮮膜包起來，放入冰箱冷藏 30 分鐘。

4 咖啡粉加熱水、砂糖溶化，做成咖啡糖漿備用。

5 從冰箱取出硬麵糰，滾成圓柱體，再放入冰箱冷藏 1 小時。

6 將砂糖平鋪在平底盤上，讓圓柱體刷上咖啡糖漿，再滾過砂糖盤，讓表面沾滿砂糖。圓柱體切成約厚度 4 公分的餅乾，平均擺放在烤盤上（烤盤上鋪上烤盤紙）。

7 放入烤箱以約 180℃ 烤約 20 分鐘，表面上色，底部不黏住烤盤紙，便可出爐。

B 白鑽石餅乾

材料：奶油 180g、低筋麵粉 256g、糖粉 80g、全蛋 1/2 個、核桃（烤過切碎）50g
全蛋液 1/2 個

做法：

1 麵粉過篩後與奶油混合成砂狀，再加糖粉（過篩）、蛋和核桃一起混合成麵糰。麵糰切成兩份，冷藏 30 分鐘後取出，滾成圓筒狀後，包上保鮮膜放入冰箱冷藏 1 小時。

2 將砂糖平鋪在平底盤上，讓圓柱體刷上蛋液，再滾過砂糖盤，表面沾滿砂糖，圓柱體切成約厚度 4 公分的餅乾，平均擺放在烤盤上（烤盤上鋪上烤盤紙）。

3 放入烤箱以 180℃ 烤 20 分鐘，表面呈金黃色，底部不黏住烤盤紙，便可出爐。

⋯ Tip

● 巧克力鑽石餅乾，因為顏色的關係比較難判斷表面是否上色，烤餅時可以放一塊原味的鑽石餅乾一起烘焙，就能避免容易烤焦的問題。

part 2

翻滾吧，麵糰

Tourne, les pâtes.

記憶中的麵包

在巴黎，經常迷路的我後來找到一個方法，把每一個轉角的麵包店當作東、西、南、北的路標，對我來說比看地圖簡單多了。

2005年，為了想開一間麵包店才遠赴重洋到法國巴黎取經的我，抵達巴黎後第一次吃道地的棍子麵包，也開始認識法式甜點，發現這裡的麵包跟我從小吃到的台式麵包，完全不一樣。

在我當時的居所旁，緊鄰著一家轉角麵包店，每天凌晨三點，麵包師傅一開工，便忙得不可開交，從發酵室推出眾多台車，車上層架全是已發酵的麵包，分別送進一座高如天花板的三層大平板烤箱。師傅另一邊忙著攪拌新、舊麵糰，如小水池一般大的攪拌缸、鉤形攪拌器，慢慢的攪拌著柔軟的麵糰。

大型烤箱中，不斷出爐烤得金黃酥脆的麵包，空氣中瀰漫陣陣麥香，從窗外飄進了我的房間，經常讓睡眼惺忪的我起個大早，敲敲麵包店廚房的後門，溜進麵包房陪師傅烤麵包，他手持刀片，在長棍麵包上一刀刀劃上裂痕，每一秒都精準的利用，直到凌晨五點，幾百個麵包依序出爐，堆滿在竹製和塑膠箱內的麵包等待冷卻後，依照訂單分別放進牛皮紙袋，六點之前要被分送到各大、小飯店和餐廳，揭開早餐的序幕。

「Bonjour！」，早上七點整麵包店開門，熟客和鄰居們互道早安，麵包店內的黃色燈光充斥著溫暖的氣氛，陳列在靠牆和櫃內滿滿都是五穀雜糧麵包、布里歐許和可頌麵包，早起的客人獨享散發在空氣中餘溫的小麥與奶油香氣。

把可頌麵包沾著咖啡吃，是許多典型法國人吃早餐的方式，而我最愛的吃法是將果醬、起司塗抹在麵包上，咀嚼著外皮硬脆、內部Q彈的棍子麵包，這是巴黎的味道，耐人尋味。

愛上法國麵包之後，吃麵包的時刻最能深切感受到幸福，如果你想要讓別人幸福，那就開始動手做麵包和大家分享吧！

巴斯克麵包

孤單的時候特別適合做麵包，因為要等待發酵，所以一整天在心裡記掛著麵糰，等候
發酵之後要送進烤箱烘焙，往往一下子就過了一整天。

巴斯克麵包出產在位於法國西南部的巴斯克地區，當地出名的除了火腿、辣椒之外，
還有巴斯克蛋糕（Gateau Basque），節慶時，巴斯克人吃的麵包吃來跟蛋糕很像…。

材料：低筋麵粉 250g、奶油（軟化）125g、砂糖 75g、新鮮酵母 10g、蛋 3 顆
少許鹽、牛奶 90cc、萊姆酒 1 湯匙、糖漬黃檸檬皮屑

做法：

1 將蛋黃與蛋白分開、糖漬黃檸檬皮屑浸泡在萊姆酒中。

2 低筋麵粉過篩後，在桌上築成粉牆，分開擺放新鮮酵母（捏碎）、鹽、牛奶、砂糖，
混合成麵糰之後，一邊揉麵糰並分次加入蛋黃。

3 麵糰大約揉 15 分鐘，麵糰不黏手，再分次加入奶油，並繼續摔、揉麵糰至少 15 分鐘，
直到麵糰不黏手、不黏桌，麵糰表面光滑，加入浸泡在萊姆酒中的黃檸檬皮屑。

4 取一大缽，將蛋白打成乾性發泡，分次加入麵糰混合，麵糰呈現非常柔軟的狀態。

5 模型內放入烤盤紙，取大約 300 公克～ 350 公克麵糰放入模型中，將麵糰放置溫暖
處，等待發酵至原來的兩倍大。

6 烤箱預熱溫度達 180℃，將麵包放入烤箱，表面烤上色後，將烤盤轉頭，繼續烘焙
直到麵包烤熟，至少烤 45 分鐘左右。出爐後，脫模，麵包倒扣後撒上糖粉。

⋯ Tip

● 揉麵糰將筋性摔揉出來，要多費點力。我在藍帶上麵包課時，聽說過有位同
學很努力的摔麵糰，因為用力過猛麵糰斷成兩截，一半在桌上，另一半卻找
不到，咦～跑那去了，同學們幫忙四下張望到處找不到，忽然有人抬頭一看，
麵糰竟然整個在天花板上了。

● 好不容易已經揉成麵糰，最後還要加入奶油，這時麵糰又再一次軟趴趴的不
成型，又要重新開始一次，揉完麵糰會有種累癱的感覺。

● 新鮮酵母可以先揉碎與牛奶先混合。

第一次做就上手的司康麵包

司康 Scone 又稱為英國鬆餅，是一種像奶油酥餅 (Biscuit) 的蘇格蘭麵包，據烘焙專業字典解釋，Scone 之名是來自於 Stone of Desity Stone of Scone，是蘇格蘭國王加冕時用來放置皇冠的石頭。

若想動手在家做麵包，不妨先試試司康吧！第一次做司康很容易成功，才會對自己做麵包的手藝越來越有信心。

週日邀請朋友到家裡作客，我準備了正式的英式下午茶，三層點心架，第二層擺的是 Scone 麵包，我特別將司康麵糰加入自己做的手工果醬，然後將麵糰厚度壓成薄薄的，約是鳳梨酥般大小，當烤箱傳出奶油香味，原本進行的話題突然中斷，大家都擠進廚房，拿著奶油，迎接酥鬆香脆司康，熱騰騰的烤盤一出爐，趁熱塗上奶油，三五好友為了吃司康，像孩子一樣你爭我奪的模樣可愛極了，暖烘烘的廚房熱鬧不已。

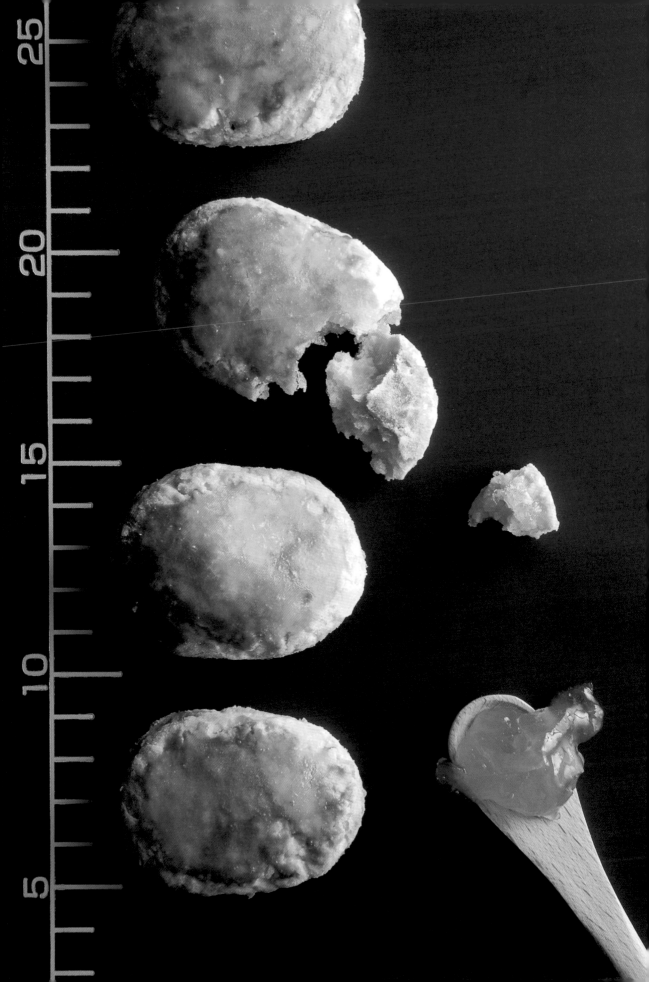

柳橙蘋果司康

A 司康麵包

材料：低筋麵粉 225g、泡打粉 1 茶匙、糖粉 25g、鹽 1 小撮、無鹽奶油 75g
柳橙蘋果果醬 3 大匙、牛奶 50cc、全蛋 1 顆、蛋黃（打散）1 顆

做法：

1 麵粉、泡打粉、糖粉過篩後備用

2 奶油室溫軟化，放入大缽中，使用攪拌器稍微打發，再與麵粉、泡打粉混合均勻。
並加入鹽、全蛋、牛奶，最後加入柳橙蘋果果醬，混合成麵糰。

3 麵糰放在不繡鋼大缽中，鬆弛 20 分鐘後，取一只擀麵棍，將麵糰擀開約厚度 5 公分。

4 使用鳳梨酥模，蓋出橢圓形的司康，將司康整齊放在烤盤上，表面刷上一層蛋黃液，
再鬆弛 5 分鐘左右。放入已預熱 160℃烤箱烤約 20 分鐘，直到表面烤成漂亮金黃色，
便可出爐。

B 柳橙蘋果果醬

材料：柳橙 5 顆（淨重約 500g）、青蘋果 1 顆、砂糖 50g、綠檸檬 1/2 顆
水 200g

做法：

1 將柳橙洗乾淨，片下果肉擠出果汁（淨重），加入砂糖、水和檸檬汁。蘋果去
皮去籽，果肉切小丁一同放入，待砂糖完全溶化後，將果醬鍋轉至火爐上，
大火煮開後，轉微火持續烹煮，撈除鍋子表面的浮物與氣泡，煮時要不定時
攪拌，以免黏住鍋底。

2 當鍋內已有黏稠度，持續烹煮直到果醬開始變得稠厚，取溫度計測量果醬是
否已煮至溫度 103℃，待果醬已經濃稠，持續煮至收乾醬汁，關火後，趁熱
裝入果醬罐內，冷卻後，冷藏保存。

⋯ Tip

● 本款果醬 (marmalade) 是為了當做水果內餡使用，糖的用量可以減少到水果的
10%～ 20%，和一般煮果醬不同的地方是使用煮果泥 (compote) 的技巧，醬
汁要收乾，與麵糰混合後才不會產生多餘水份。

香料麵包

在中古世紀的歐洲，香料跟糖一樣昂貴，根據香料麵包的歷史記載，最早做出香料麵包的城市，是法國勃根地的第一大城市迪戎(Dijon)和位於法國東北邊的 Reims。

法國東北部阿爾薩斯(Alsace)的 Gertwiller 從 18 世紀開始就製做香料麵包，19 世紀到 20 世紀，圓形的香料麵包非常普遍，在節慶時還會做成各式形狀，Gertwiller 至今還有一間香料麵包博物館，提供許多與香料麵包有關的傳說。

法國香料麵包(pain d'epice)，是一款帶有強烈的薑、八角、肉桂、丁香、小豆蔻風味的辛香料麵包，如果加上水果乾就變成耶誕節吃的節慶麵包，香料麵包跟英國及美國人過耶誕要吃的薑餅一樣，也能做成各種可愛造型，如小雪人或冷杉樹，在寒冷的冬季為人帶來一絲溫暖。

材料：蜂蜜 125cc、香料粉（胡椒粉、豆蔻粉、肉桂粉、丁香粉）5g
　　　泡打粉 5g、蘇打粉 5g、低筋麵粉 150g、牛奶 100cc、奶油 40g、蛋 1 顆

做法：

1　將泡打粉、蘇打粉和麵粉過篩備用。

2　將奶油溶化與牛奶、蜂蜜混合。

3　將做法（1）與做法（2）混合，加入香料粉和全蛋，充分混合成麵糊。

4　麵糊放入模型（塗上油）倒入麵糊，每一杯約 8 分滿，放入已預熱的烤箱，以170℃烤約 35 分鐘。

5　蛋糕烤至上色，取一小刀插入蛋糕中間，刀雙面不沾黏麵糊，出爐後，脫離熱烤盤，等蛋糕冷卻後，便可以脫模。

⋯ Tip ⋯

● 一般稱為法式辛香料粉是指：胡椒、豆蔻、八角、肉桂或者薑、八角、肉桂、丁香等四種香料混合，帶有濃厚的蜂蜜味加上香料的蛋糕，就是法式香料麵包，搭配法式湯品或甜點皆宜。

我是可頌贏家

幾年前，當我還是藍帶學校的甜點新生，常利用假日到巴黎 Eric Kayser 麵包店的中央廚房實習，中央廚房負責供應各分店的蛋糕甜點，麵包則是各分店現場製作烘焙，如果有賣剩的麵包，當天全數報廢，唯有可頌，會送回中央廚房交給甜點部門做成杏仁可頌。

每天，我手持麵包刀，一刀將可頌從腰部劃開後，浸泡在糖漿中 3 秒鐘，像三明治一樣，把醬料大量擠入其中當內餡，表面也要擠上杏仁奶油醬，撒上杏仁片做裝飾，中央廚房只在週末製做杏仁可頌，甜蜜濃香的可頌，讓人非常願意把這種幸福感，擺放在週日的早、午餐饗宴，盡情享受！

想要製作出一張好吃的派皮，需要在派皮的摺疊上下功夫，擀摺派皮需要懂得力道的拿捏，用力過猛的結果常會使派皮皮開肉綻，油脂外露。

一次次擀製派皮，一次次摺疊，送進烤箱烘烤，千層派皮中的奶油與麵粉受熱後，一層一層膨脹開來，變成可口、香、酥、脆的可頌麵包，經過反覆的擀摺動作，長時間的練習，最終你將變成可頌贏家。

杏仁可頌麵包

A 可頌麵包

材料：麵粉 500g、鹽 15g、糖 60g、新鮮酵母 30g、牛奶 300cc
奶油（溶化）100g、水 240cc、奶油 500g

做法：

1 奶油移至火爐或微波爐內加熱溶化，冷卻備用。

2 將麵粉圍成粉牆，中間挖空，將酵母捏成碎塊和 1/5 牛奶混合。將糖、鹽、酵母（酵母和鹽一定要分開）、水、4/5 牛奶、溶化的奶油放在粉牆內，以順時鐘方向，混合成圓形麵糰，將麵糰放入冷藏備用。

3 將 500g 奶油，整型成四方形，冰箱取出麵糰從中間以十字形切開，使用擀麵棍，向四方擀開如十字狀，中間包入奶油，再將四邊麵皮向內將奶油完全封住，包成四方形。擀摺（三折法總共 6 次，麵糰與奶油的軟硬度須一致）

4 第一次擀摺，桌上撒上麵粉，將麵糰往上及往下，擀成長方形狀麵皮，刷去麵皮表面多餘麵粉，將麵皮向內折成等同大小的 3 摺，如書本一般整齊。

5 第二次擀摺，麵皮三層摺疊處面對自己，將麵糰往上及往下擀長，麵糰擀成長條狀，刷去麵皮上多餘麵粉，將麵皮摺成 3 層，如書本一般整齊。

6 放入冰箱鬆弛至少 20 分鐘。

7 第 3 次擀摺與第 4 次擀摺，按做法（4）（5）（6）再做兩次

整型（需要蛋液）：

將麵皮擀切成三角形，兩點處中間使用小刀出一點開口，摺出兩邊的角，左手將麵皮往內捲至右手拉著三角形的一點，捲成牛角形，牛角收口處要朝下放入烤盤，放置於溫暖處開始發酵。發酵成原來的一倍大，表面塗上蛋液，再進烤箱以 170℃ 約 40 分鐘，直到可頌表面著色。

B 杏仁奶油醬 & 糖漿

材料：奶油（軟化）250g、杏仁粉 250g、糖 250g、蛋 4 顆、蘭姆酒、香草精少許

做法：

將糖粉過篩，與蛋、蘭姆酒、香草精與杏仁粉（過篩）混合。加入奶油，攪拌均勻。

糖漿：糖 50g、水 100cc、肉桂棒 1 根、八角少許、香草液少許。將以上材料混合放入鍋中，移至火爐上煮滾後成糖漿，冷卻備用。

組合

1 將可頌從中間切開，整個麵包浸泡入糖液中，內部擠入杏仁奶油醬，表面擠上杏仁
奶油醬後撒上杏仁片。

2 放進烤箱以 170℃烤 10 分鐘，表面上色。

陪伴我度過夜晚的瑪芬

英國的「瑪芬」Muffin 大約出現在公元 11 世紀，有兩種不同做法，一種需要放進烤箱烘烤，口感鬆軟結實，另一種直接放在爐上以小火炕，口感跟麵包相似，傳統的 Muffin 蛋糕頂部是小圓頂，今日的 Muffin 則是大蘑菇頭，古法文「Moufflet」這個字是形容麵包「柔軟」的感覺，事實上，瑪芬吃來就像麵包和蛋糕的綜合。

週末午夜不想睡，我將巧克力麵糰混合了白巧克力塊，一邊輕啜咖啡、一邊小口享受甜甜的白巧克力成塊化在口中，濃稠久久不散開的滋味。

做甜點這件事常把我搞到三更半夜，累得看見床便倒頭大睡，一早起床還是出現黑眼圈，我塗上口紅，穿上套裝，把一夜不睡趕做出來的這幾個胖小子裝進盒中，再把盒外的緞帶綁緊一點，擠上捷運展開嶄新的一天。

當我和瑪芬一起出現在辦公室時，大家會將焦點放在瑪芬上，不會注意我臉上的黑眼圈，女同事們紛紛露出羨慕和崇拜眼神，品嘗時還不斷大力讚賞，「你好厲害喔！下班都那麼累了，還有精神做蛋糕，真的好好吃喔！謝謝。」第一次做瑪芬就成功，沒想到效果那麼好，滿足和驕傲的成就感，讓我想下班後，趕回家再繼續做甜點。

雙色巧克力瑪芬

材料：溶化奶油 10g、低筋麵粉 150g、泡打粉 2 小匙、黑巧克力（64%）150g
　　　白巧克力 100g、奶油（軟化）100g、全蛋 3 顆、砂糖 150g、蜂蜜 70g
　　　杏仁粉 80g

做法：

1 烤箱預熱至 170℃

2 將奶油溶化（模型使用），塗在瑪芬模型內，備用。（若使用烘焙用紙杯，則免去
　在模型內上奶油。）

3 黑巧克力隔水加熱，當黑巧克力溶化後再與奶油（室溫軟化）混合均勻備用。白巧
　克力切成小丁備用。

4 將蛋與糖放入盆中，手持攪拌器將兩者充分打發，再與蜂蜜混合。

5 麵粉、杏仁粉、泡打粉全部過篩。

6 將做法（3）（4）混合後，加入做法（5）的麵粉、杏仁粉、泡打粉拌勻。

7 擠少許麵糊在模型中，再將白巧克力放中間，最後再填入麵糊直到模型 8 分滿，每
　杯麵糊約 80g。

8 放入烤箱以 170℃，烘焙約 35 分鐘左右。

9 竹籤插入瑪芬中間，抽出竹籤上已無麵糊即可出爐，冷卻後脫膜。

··· Tip ··

● 白巧克力也可以在做法 (6) 時一起拌入麵糊內。

英式瑪芬麵包

英式瑪芬有兩種，用平底鍋烤的這一種，吃起來像麵包，只要將瑪芬麵糰放在平底鍋中以小火烘烤，即使家裡沒有烤箱也能做。1896 年由 Fannie Merritt Farmer 女士所寫的「波士頓烹飪學校烹飪書」中已經記載了它的做法。

英式瑪芬在北美地區常當成早餐，麥當勞的滿福堡用的就是瑪芬麵包；但在英國則多半出現在下午茶時光，是必備茶點之一。

材料：高筋麵粉 450g、鹽 8g、溫牛奶 350cc～375cc、糖 5g、新鮮酵母 15g
全蛋 1 顆、奶油（溶化）或橄欖油 1 茶匙

做法：

1 將麵粉過篩後，圍成粉牆，分別兩側放入糖與鹽。取少許部分牛奶溶化新鮮酵母。

2 將酵母、牛奶、橄欖油與蛋倒入粉牆之中，以順時鐘方向不變，混合揉成糰，牛奶不一定需要全部用完，使用的量要足夠揉成麵糰。

3 麵糰放置溫暖處約 20～30 分鐘，發酵至原一倍大。

4 將麵糰展開，稍拍除空氣後，取一根擀麵棍，將麵糰擀開成厚度約 5 公分。使用圓的模型，蓋出圓形瑪芬麵糰，剩下麵糰鬆弛約 20 分鐘，重新擀成麵糰使用。

5 取一只平底鍋，移至火爐上預熱後，放入瑪芬，以最小火慢慢炕至瑪芬表面成膨脹狀，再翻面。

6 等瑪芬雙面都呈金黃色，微微脹大，用手指敲表面，能有空心感，雙手捏厚度時，周圍有彈性，表示瑪芬已熟，可以移離平底鍋，冷卻。

7 平底鍋移開爐火，等一下之後讓平底鍋稍冷卻後，再炕第二批瑪芬。

Tip

● 爐火太大，瑪芬會形成外部焦黑內部不熟，平底鍋一開始溫度過高，也會造成瑪芬外皮焦黑。

part 3

不做塔裡的女人

Ne veux pas être coincée.

塔

甜點中，塔類是讓我極喜愛的，是一種結合餅乾和蛋糕的甜點。
而塔皮是基本中的基本，可以揉入發自內心的溫度。

蘋果塔和蘋果派就像是一家人，一眼即可簡單的判別，"派" 覆蓋著麵皮，從外面看不
見內餡，"塔" 則是開放式的，可以看見所有的材料。

製作蘋果派前，要先準備一份煮熟的蘋果，和兩張擀好的派皮，隨模型高度，可以放入
大量的內餡。在模型中放入第一片派皮，將炒蘋果放入之後，覆蓋上第二片派皮，表面
刷上蛋黃液並戳氣孔，放進烤箱烤至金黃色便可以出爐。

製作蘋果塔，則是先將甜塔皮烤半熟，放進炒熟的蘋果，再擠上奶油醬一起烘烤，也可
將塔皮與奶油醬一起放進烤箱烘烤至全熟，最後擺上新鮮蘋果。

開放式的塔類能直接看見餡料，擺放與外觀上會比較講究，塔像餅乾般結實、硬脆，派
則是有豐富內在。

製作麵糰可以考驗出最基本的功夫，透過雙手傳遞，到麵糰的溫度、勁道，才能夠成就
一張好的麵皮。什麼時候最適合做甜點呢？隨心所欲的做甜點就是最佳時刻。

情人節的白巧克力塔

原本想要做的是這金牛黑巧克力塔，這個巧克力塔我做過很多次，但我也想試一試做白巧克力塔。

第一次試做很失敗，白巧克力塔有點一團無法凝固的問題。第二次再試做，調整配方比例，我也再試做一次，失知道，它一次我拿捏了比率，結果出乎意外，白巧克力竟然成功的凝固了。

經過大家試吃，再試過修正幾次，情人節到了，這下有白巧克力塔和黑巧克力塔可以選擇，我把首次做成功的白巧克力塔，送給我心中的好友，至於黑巧克力塔就留下來，自己獨自一人去品嘗！

白巧克力塔

A 甜塔皮

材料：低筋麵粉 250g、奶油 150g、全蛋 50g、糖粉 80g、鹽 3g、杏仁粉 40g、水 20g

做法：

1. 麵粉與杏仁粉一起過篩，與奶油（切小塊）一起混合，抓成細砂狀加入蛋、糖與糖粉（過篩）及水一起揉成麵糰，放入冰箱冷藏 20 分鐘。

2. 將塔模圈的內部塗抹上一層油，放在烤盤上備用。

3. 取出塔皮，使用擀麵棍，將塔皮擀薄約 5 公分厚，放入塔模圈內，固定好塔皮，放入冰箱冷藏。

4. 30 分鐘後取出塔皮，用小刀的刀背或者硬的塑膠刮板，切除多餘部分，用叉子在塔皮底部戳出小洞，在塔上面放烤盤紙，紙上壓重物（鐵或豆子），一起入爐。

5. 烤箱溫度預熱至 180℃，烤約 20 分鐘，直到塔皮呈現深金黃色，塔皮已全熟。

B 白巧克力奶油醬 (Ganache)

材料：白巧克力 350g、鮮奶油 200g、奶油（室溫）50g

裝飾：白巧克力片

做法：

將鮮奶油放入鍋中移至爐火上加熱至滾沸，倒入已放進白巧克力（切成小塊）之不鏽鋼大缽，使用橡皮刮刀，從中心點開始以順時鐘方向由內慢慢往外，攪拌至兩者充分混合，再加入室溫的奶油一起混合成濃稠狀。

組合＆裝飾：

將已做好的白巧克力奶油醬倒入塔皮內。放入冰箱冷藏，至少 4 小時直到白巧克力奶油醬凝固，便完成。切下少許白巧克力屑，鋪陳在塔的四週與中心。

法式檸檬塔

A 塔皮

材料：低筋麵粉 125g、砂糖 50g、鹽 1 小匙、蛋黃 1 顆、奶油 85g

做法：

1　麵粉過篩，再與奶油（切小塊）一起混合成砂狀，倒在工作桌上，以手腕處由內往外，將砂狀的粉油塊推開，數次之後，麵粉和奶油已充分混合，加入蛋、糖、鹽一起揉成麵糰。

2　放入冰箱冷藏。

3　20 分鐘後取出，準備一個烤盤，烤盤上放入烤盤紙，將塔模內部抹上奶油，後放在烤盤紙上，再將擀好的塔皮，約 5 公分厚，放入模型內，固定好塔皮，放入冰箱冷藏約 30 分鐘。

4　取出塔皮整型，使用小刀的刀背或刮板，切除多餘塔皮，用叉子在塔皮底部戳出小洞，在上面放烤盤紙，紙上壓重物（鐵或豆子），一起入爐。

5　烤箱溫度約 180℃，烤約 20 分鐘，直到塔皮呈現金黃色且已全熟。

B 檸檬奶油醬

材料：全蛋 180g、砂糖 180g、檸檬皮屑 3g、檸檬汁 80g、奶油（切小塊）230g

做法：

1 將砂糖與全蛋一起放在不鏽鋼大缽中，手持打蛋器混合均勻。

2 將檸檬汁放在鍋中，移至火爐上加熱到滾沸。

3 將滾沸的檸檬汁部分倒入做法 (1) 的大缽中攪拌，再全部一起回倒在爐火上的鍋中，與剩下的檸檬汁一起煮，一邊煮一邊使用攪拌器攪拌，直到檸檬奶油醬變稠，自爐火上移開，馬上再加入奶油混合均勻。

C 糖漬檸檬條

做法：

兩顆檸檬，將表皮連帶部分果肉一起大塊切下，用滾水燙過兩次，再放入糖漿（糖與水 1:1）中，可以加入少許香料（如肉桂棒或使用過的香草豆莢），一起以小火慢煮約 90 分鐘，直到果皮透明，浸泡約兩天後，取出果皮瀝乾糖漿。

....

組合 & 裝飾：

1　將檸檬的果肉切下備用，糖漬檸檬片切丁。

2　將檸檬奶油醬少許擠入塔皮中心內，再放上一片檸檬果肉和少許糖漬檸檬丁，並將檸檬奶油醬倒入約 8、9 分滿，最後將檸檬塔冷藏直到檸檬奶油醬凝固。

3　最後將檸檬皮屑撒放在檸檬塔表面上，並將檸檬切薄片，中間切斷至 1/2 向外翻轉，放在塔上做裝飾。

....

番薯與柳橙

研發這款柳橙番薯塔，有點無心插柳。我使用本地出產的食材，最具有鄉土味的地瓜，
配上新鮮柳橙，沒想到做出來的甜點成品，這麼容易擄獲人心。

誰能想到番薯也能麻雀變鳳凰呢？！

水果和蔬菜都可以做成甜點，特別是使用當地特產，無論在健康、營養、風味或者口
感上，既豐富又不單調。

A 塔皮

材料：奶油 90g、新鮮酵母 5g、牛奶 50cc、低筋麵粉 250g、砂糖 15g
　　　鹽 1 茶匙、蛋黃 3 顆

B 柳橙番薯餡

材料：有機地瓜 500g、奶油 50g、鮮奶油 100g、蛋黃兩顆、
　　　柳橙蘋果果醬 100g（做法參考 55 頁的柳橙司康果醬）

塔皮做法：

1　將奶油切成小塊，與麵粉一起放入大缽中混合，抓成細砂狀後，將酵母與牛奶混合，
　　再加入蛋、鹽、糖，以上材料混合成麵糰，放入冰箱冷藏備用。

2　將塔皮擀成約 0.5 公分厚，至少兩根手指寬（大於塔圈），以小刀劃下圓形，將塔
　　皮依照塔的形狀，放入塔圈內（圈模內塗抹上奶油），並將塔皮確實壓緊在模型圈
　　內，放入冰箱，冷藏至少 20 分鐘。

3　取出冰硬的塔皮，用小刀刀背或者硬的橡皮刮板，切除多餘塔皮，用叉子在塔皮底
　　部戳出小洞，在上面放烤盤紙，紙上壓重物（鐵或豆子），入爐。

4　烤箱溫度約 180℃，烤至塔皮上呈現金黃色，底部不需要烤至全熟。

組合＆裝飾：

1　將地瓜洗乾淨，連皮一起放入電鍋蒸熟，趁熱剝去外皮搗成泥，同時將奶油分次加
　　入，然後加入鮮奶油與蛋黃，最後拌入柳橙蘋果醬。

2　將地瓜泥和柳橙蘋果醬放入塔皮內，使用刮刀將餡料抹平與塔齊平，放入烤箱烤約
　　10 分鐘，塔皮顏色呈深色，表面金黃即可出爐。

3　表面放上已使用過乾的香草豆莢半根，並放上 1/4 乾燥柳橙片、1 顆焦糖玉米花球、
　　2 粒開心果粒。

Tip

● 塔皮必須先冷藏鬆弛再整型與烘焙，烤塔皮時放入重物，是為了預防烤後膨脹。

烤個甜塔給你吃

今天準備烤一個新的甜塔，這是法國北部加萊海峽大區（Nord Pas de Calais）地方特有的甜點，甜塔看起來不難，塔皮主要運用麵包麵糰來做，我想做酥脆一點的口感，所以使用甜酥塔皮製作。

內餡的醬汁材料和做法很簡單，牛奶、糖和蛋混合之後，再加上奶油，但不知為什麼加上奶油後，醬汁會變成豆花，我一直反覆推敲原因呢。

我一邊站在烤箱旁邊，一邊將甜塔端出來，悄悄頭再放回去烤，然後拿起電話假裝心情很平靜的打電話給好久不見的你，說要烤個甜塔給你吃，電話那頭客氣的回答：「我準備和朋友出門看電影，甜點就不用來，謝謝妳！」

久久之後，我離開客廳，回到廚房把烤過頭的甜塔，倒入垃圾桶，反正塔是做壞了，不能彌補失去的，也不能當是從來沒有得到的。

法國甜塔

A 塔皮

材料：麵粉 200g、奶油 120g、全蛋 40g、糖粉 65g、鹽 2g、杏仁粉 25g
　　　香草粉 1g

B 甜餡

材料：糖 80g、蛋 2 顆、奶油（軟）100g、鮮奶油 100g

做法：

取一個不鏽鋼大缽，將糖、鮮奶油與蛋（室溫）混合均勻，再與奶油（室溫）分次加入混合。若奶油加入會結塊表示兩者溫度不同，可將大缽移至爐火上稍為加熱，直到兩者混合狀態如布丁液。

甜塔做法：

1　塔皮奶油切小塊與麵粉（過篩）混合，雙手抓成砂狀，再加入香草粉、杏仁粉、糖粉（以上過篩）鹽與蛋，揉成麵糰，放冷藏約 20 分鐘。

2　使用擀麵棍將塔皮擀成約 0.5 公分薄，將模型放在塔皮約 2 手指寬，取小刀劃下圓型塔皮後，再放置在塔的模型（內已上油）內，將塔皮壓好在模型內，冷藏後整型。

3　取出塔，用小刀刀背或者硬的橡皮刮板，切除多餘塔皮，用叉子在塔皮底部戳出小洞，倒入甜餡液約 9 分滿。

4　烤箱溫度約 180℃，烤至表面呈現金黃色，膨脹，使用竹籤或小刀，插入中間，取出時若無沾黏麵糊，便可以出爐全熟。

Tip

● 塔皮必須先冷藏鬆弛再整型，以防止烘焙時產生過度收縮。

● 傳統的甜塔用 pizza 麵包皮，烤好後的塔皮如 pizza 餅一樣厚且鬆軟，改成甜塔皮吃起來則有硬脆口感。

part 4

日安，甜心

Bonjour, Ma chérie.

在廚藝教室和我相遇一起做甜點

如果逛街、購物、旅行和美食都不能讓你放鬆，那麼也許上廚藝課會帶給你更大的收穫。

把自己交給廚房，所有的壓力、煩惱和苦悶都變成了香蕉蛋糕、畢業布丁、提拉米蘇、杏仁蛋糕和烤布蕾…

當你端出香噴噴的誘人糕點時，足以帶給自己快樂，給別人滿足，給世界笑容，明天還要繼續快樂，繼續做甜點。

香蕉蛋糕有自己的味道

香蕉可防治便祕、預防心血管疾病、緩解眼睛不適、預防癌症、痛風。

香蕉還有一定量的 5- 羥色胺和合成的 5- 羥色胺，能使人心靜舒暢，這是吃香蕉能夠解憂和帶來幸福感的原因，所以香蕉蛋糕一直是歷久不衰的人氣甜點。

很多水果若超過賞味期限，都會變得軟爛、腐敗或者乾燥無味而變成廚餘，例如：鳳梨、柳橙、蘋果、檸檬、芒果…等，但只有香蕉例外。

製作香蕉蛋糕一定要用過熟的香蕉，才能帶出濃厚的香氣，當香蕉隨著時間由綠轉黃，再由黃轉成深褐色，這時熟透的香蕉，最適合烘焙成香蕉蛋糕。

香蕉的種類很多，選擇當季盛產的最好，和不同材料做搭配，也能激盪出口味特別的香蕉蛋糕，例如：紅蘿蔔、榴槤、椰子和鳳梨，以及常見的葡萄乾、水果乾、龍眼乾…等，蛋糕的甜度可以自由調整，本書第93頁中的香蕉蛋糕沒有加入砂糖，如果喜歡吃柔軟、濕潤和甜度高的口味，可加上砂糖120g（或糖粉）來調整蛋糕的質地。

香蕉蛋糕

1 　墊上模型紙，測量模型長、寬、高，並裁剪出與模型內部大、小一樣的紙，
　　取少許奶油輕塗模型內，固定紙模。

2 　直接將模型長、寬、高均勻塗上奶油。

材料：低筋麵粉 280g、奶油（室溫軟化）220g、全蛋 2 顆
　　　　葡萄乾（浸泡萊姆酒）100g、泡打粉 10g、鹽 2g、柳橙皮屑 1 顆
　　　　核桃 70g、熟透的香蕉 300g、豆蔻粉 2g、奶油少許

做法：

1 　低筋麵粉、泡打粉（過篩）、香蕉搗成泥、核桃放入烤箱烘烤至稍微上色並發出香味。

2 　將低筋麵粉、泡打粉與奶油（室溫軟化）混合均勻。

3 　蛋（室溫）分次加入麵糊中，一邊加入一邊拌勻，並加入鹽、柳橙皮屑、豆蔻粉。

4 　香蕉也加入麵糊中，最後加入已泡過水（或者萊姆酒）的葡萄乾。

5 　將麵糊倒入模型中約 8 分滿。麵糊表面在中間擠上少許奶油，放進已預熱的烤爐，
　　以 180℃ 烤至蛋糕已膨脹，將烤盤轉頭，使用小刀在中間劃開一道，再繼續烤至上
　　色。總共約 35 ～ 40 分鐘。

6 　蛋糕烤至金黃色，使用小刀（竹籤）插入蛋糕中間，取出小刀雙面乾淨，不沾黏麵糊，
　　蛋糕便可以出爐（總共約 35 ～ 40 分鐘）。

7 　出爐後，蛋糕移放在架上，脫離模型，冷卻後食用前撕去紙模。

廚房魔術師

藍帶大廚們總是叮嚀，廚房內不存在可以被浪費掉的東西，所有的食材都必須被運用到極致。

廚房是一個將清水變雞湯的地方，任人自由發揮，透過手勢展現對美食的熱情，隨意運用麵粉、奶油、雞蛋、牛奶和砂糖，就能做出糕點。

把糕點再次利用，變出最令人超乎想像的驚奇，如畢業布丁的做法，將老化的舊麵包，經過魔法改造，變成新的甜點，這是最佳的證明。

想想看，有哪些食物可以重新組合變化成新的糕點，花椰菜可以做成鹹蛋糕，馬鈴薯泥可以做早餐蓉餅，每個人都可以在自己的廚房玩出專屬於自己的魔法天地。

畢業布丁

材料：吐司、歐式麵包、甜麵包或可頌、全蛋 6 個、香草豆莢 1 根
　　　蘋果葡萄果醬 100g、蔓越莓乾 100g、萊姆酒 50g、牛奶 1 公升
　　　鮮奶油 200g

做法：

1　玻璃烤盤刷上一層薄奶油備用。蔓越莓乾浸在萊姆酒內，（可前一天浸泡）瀝乾備
　　用。

2　牛奶、鮮奶油混合後，加入香草豆莢（取出籽，連同豆莢）一起放入大鍋，移至爐
　　火上煮滾後，離火，再挑出香草豆莢。

3　麵包切成小塊放入玻璃烤盤內，將做法（2）倒入直到蓋住麵包，等待麵包吸收牛奶。

4　將全蛋打散與蘋果葡萄果醬、蔓越莓乾混合後，倒入做法（3）至器皿的 8、9 分高。

5　放入烤箱以 120℃烤至表面上色，香味四溢。取一竹籤插入布丁中間測試，取出竹
　　籤乾淨且布丁已無液體狀，即可出爐，食用前撒上糖粉。

… Tip …

● 熱牛奶能讓乾麵包容易吸收，若是使用奶油類的甜麵包、可頌類的麵包，可
　以直接將麵包浸泡在牛奶當中，水果乾和果醬已經有甜度，若是考慮吃時將
　搭配水果或果泥，並不需要再加糖，若不使用果醬及水果乾等，可自行調整
　加入砂糖做調味。

● 手工果醬可以任選一種自己製作，做法請參考「果醬女王」一書。

幸福，帶我走！

你不懂義大利文，但一定會講「Tiramisu 提拉米蘇」。

在義大利文裡，Tiramis 真正的意思是「提神！」甜點提拉米蘇 Tiramisu 則有「帶我走」的意思，不管是「提神」或「帶我走」，關鍵全來自於甜點中含咖啡因的 Espresso coffee 和可可粉，讓吃過甜點的人能產生輕微的興奮作用。

提拉米蘇的基本材料很簡單，馬斯卡邦起司、蛋黃、糖、鮮奶油、Espresso 咖啡、手指餅乾和可可粉，只要吃了這款濃烈柔軟的香甜點心，帶走的不只是美味，還有愛和幸福！

提拉米蘇

A 手指餅乾

材料：蛋白 155g、蛋黃 70g、麵粉 95g、糖粉 95g、糖粉少許

做法：

1　取一個不鏽鋼盆、放入蛋黃與糖粉（過篩），使用攪拌器混合備用。

2　蛋白打發後與做法(1)混合，再加入過篩的麵粉拌勻。

3　在烤盤上鋪上烤盤紙，取一擠花袋裝入麵糊，擠出與食指長度、厚度一樣的餅乾形狀，並相連成一排。撒上糖粉後送入烤箱，以 160℃ 烤約 20 分鐘。

B 馬斯卡邦　Mascarpone 起司醬

材料：馬斯卡邦起司 125g、糖 35g、蛋黃 2 顆、打發鮮奶油 125g

做法：

1　鮮奶油打發後，冷藏備用。另將蛋黃與糖充分混合打發。

2　Mascarpone 起司放在室溫下軟化，用攪拌器混合均勻再和打發的蛋黃及糖混合均勻。

3　將打發鮮奶油從冷藏室取出，與做法 (2) 混合。

C 咖啡糖漿

即溶咖啡粉（或是 Espresso coffee)20g、白蘭地 20g、糖 10g，混合後放在爐火上加熱，待咖啡與糖溶化，移開爐火，冷卻使用。

組合：

1　將手指餅乾浸在咖啡糖漿中。

2　按順序先將手指餅乾擺放在容器底部，再撒上可可粉，接著淋上馬斯卡邦起司，再撒上可可粉，重覆將手指餅乾、可可粉、馬斯卡邦起司、可可粉，一層一層擺放堆高甜點高度，最後再撒上可可粉。

杏仁蛋糕

甜點中最簡單的 4 種材料，往往能做出難度高又美味的甜點，它們是：

馬卡龍（蛋白、砂糖、糖粉和杏仁粉）

杏仁蛋糕（全蛋、砂糖、奶油和杏仁粉）

烤布蕾（鮮奶油、糖、香草豆莢、蛋黃）

杏仁蛋糕就是其中一款。這款杏仁風味十足的蛋糕運用很廣，蛋糕表面只要撒點糖粉當裝飾就可以了。無論配布丁、糖煮水果、鮮奶油與水果、冰淇淋一起吃，是 100 分的餐後甜點。

將杏仁蛋糕冷藏後，切片做成雪藏杏仁蛋糕，配咖啡或花茶，午茶時光瞬間化做另一種充滿杏仁芳香的香濃滋味。

材料：杏仁粉 150g、全蛋（約 3 個）150g、砂糖 120g、奶油 75g
杏仁片 50g、糖粉少許、杏仁粒少許

模型：方型模，高度及底部塗上油，底部放上烤盤紙，將杏仁片貼滿模內的高及底部

做法：

1 杏仁粉過篩備用，全蛋放在室溫，溫度約 20℃左右備用。

2 奶油軟化備用，奶油與糖混合打發後。以交叉方法放入（部分杏仁粉和部分蛋），交叉拌勻所有材料，將麵糊倒入模型中。

3 預熱烤箱以 160℃烤至表面金黃，約 20 分鐘。以竹籤插入中心點，竹籤不黏麵糊，或輕拍蛋糕表面發出沙沙聲，便可出爐，馬上將模型倒扣到烤架上，等待冷卻後，倒扣後為蛋糕的正面。

4 食用之前，再撒上糖粉及杏仁粒做裝飾。

··· Tip ···

- 杏仁粉並非一般喝的白色帶有濃郁杏仁香的沖泡式杏仁粉，而是法式甜點常用來做烘焙材料的杏仁粉，可以在烘焙材料店購得。

法式香草烤布蕾

Crème brûlée 是一道傳統的法式布丁，也是無人能抵抗的餐後甜點，真一般布丁不同
之處是表面撒上白砂糖，用瓦斯噴槍將表烤焦，表面呈現硬酥色，那一層硬脆的酥皮和
布丁柔滑綿密的口感，直至中形成強烈對比反差，或者正是冷冷熱熱的火爆，格外宜人
風味

材料：鮮奶油 200ml、糖 40g、香草豆莢 1 根、蛋黃 6 顆

裝飾：紅糖

做法：

1　使用小刀將新鮮的香草豆莢對切，用刀背將香草籽全部刮出，和空的香草莢一起放入鍋中，加入 1/2 鮮奶油和 1/2 砂糖一起煮沸。

2　取一個大鍋，將蛋黃與 1/2 砂糖混合，倒入做法（1）中拌勻，馬上再將 1/2 鮮奶油加入，混合並勿過度攪拌，成為布丁液，若表面產生太多氣泡可以用小刀戳破，或使用保鮮膜平鋪在布丁液表面上，再輕輕拉起，帶走氣泡。

3　取出香草莢，布丁液過篩後，將布丁液倒入器皿中，約 1/2 滿。

4　烤箱預熱 80 ～ 90℃，放入布丁烤約 20 分鐘左右，或是以 100℃ 低溫烘烤 15 分鐘，若使用 160℃ 高溫則需要隔水加熱烘焙約 10 鐘以上，三種溫度皆可。

5　搖動器皿，若表面布丁已凝固，無液態布丁汁便可出爐，冷卻後冷藏。

6　食用前從冰箱取出，在表面撒上紅糖，再使用瓦斯噴槍加熱，讓糖燒成硬脆焦糖。

⋯ Tip ⋯

● 溫度是做烤布蕾 Crème brûlée 最重要的關鍵，特別是在鮮奶油和蛋黃混合後的降溫，以及烘烤時的溫度和時間要能確實掌握。

以布朗尼展開新的生活

布朗尼是一款含堅果類的巧克力蛋糕，和提拉米蘇一樣，都是世界級的甜點，滿是核桃的濃濃巧克力香，吃來分量十足，滿足每一張愛巧克力甜食的嘴。

記得住在加拿大多倫多時，不會做菜的我，因為喜歡逛超市，有次順手買了一盒布朗尼的預拌粉，做蛋糕前先查字典了解英文說明，不但英文進步了，蛋糕也烤得很漂亮。

誰說布朗尼一定要是黑色的呢？不妨試著烘烤一個白色布朗尼，迎接不一樣的新生活吧！

布朗尼

A 白色布朗尼

材料：高筋麵粉 150g、白巧克力 150g、奶油 150g、砂糖 80g、蛋 4 顆
核桃（烤過切碎）100g、少許鹽、少許白巧克力碎片

做法：

1 白巧克力放入大缽中，隔水加熱約 45℃直到巧克力溶化，將其移開，並迅速拌入奶油（室溫軟化）。

2 砂糖、鹽、全蛋，混合打發和做法（1）混合，加入麵粉（過篩），最後加入切碎的胡桃及白巧克力碎片。

3 倒入長方形慕斯模，放入已預熱的烤箱以 170℃烤約 40 分鐘，使用竹籤或小刀插入中間，取出時若無沾黏麵糊，便可以出爐。

B 經典布朗尼

材料：黑巧克力（64%）250g、奶油 250g、砂糖 200g、鹽 2g、全蛋 175g
香草精 2g、高筋麵粉 75g、泡打粉 2g、胡桃（烤過切碎）110g

做法：

1 黑巧克力放入大缽中，隔水加熱約 45℃～ 50℃直到巧克力溶化，將其移開，並迅速拌入奶油（室溫軟化）。

2 砂糖、鹽、全蛋混合打發，最後加入香草精。和做法（1）的奶油巧克力混合，加入麵粉、泡打粉（已過篩），最後加入切碎胡桃，倒入方形慕斯模內，放入已預熱的烤箱，以約 170℃烤約 40 分鐘。

3 使用竹籤或小刀，插入中間，取出時若無沾黏麵糊，便可以出爐。

··· Tip ···

● 巧克力隔水加熱法：將盛裝適量水的小型鍋，在火爐上加熱，再取一個中型鍋放入巧克力，中型鍋直接放在小鍋上面，溶化巧克力。

● 微波爐加熱法：使用上應特別注意溫度過高或時間太長，避免燒焦問題。

雙色花椰菜蛋糕

雙色花椰菜蛋糕是我很喜歡有趣色成朋友的蛋糕實驗。首先它吃起來不是甜的，而是鹹的，配上再把花椰菜的格魯耶爾起司絲，賦予蛋糕截然不同的風味。花椰菜是我家媽家喜愛的十大超喜歡食物之一，我在花椰菜盛季的季節，用它來做蛋糕，做為肉排的配料味，佐菜是用下午茶點心。

我喜歡色可很像蜜客季節令食材，把時蔬、海鮮和肉類做成蛋糕，增加口味上的變化，不吃同蛋糕，可以像蔬吃鹹蛋糕吧！

材料： 花椰菜 1/2 顆、綠花椰菜 1 又 1/2 顆、少許鹽、少許胡椒
　　　少許奶油（模型使用）、高筋麵粉 300g、泡打粉 6g、全蛋 300g
　　　奶油（軟化）110g、鮮奶油 110g、格魯耶爾起司絲(Gruyere)60g
　　　黃檸檬 1 顆、少許鹽、少許胡椒

做法：

1　花椰菜、綠花椰菜切成小朵，根部削皮，煮一鍋滾水，將花椰菜川燙，直到稍微軟化，撈出來泡冰塊水，降溫後瀝乾水份，使用鹽、胡椒調味後備用。

2　麵粉與泡打粉過篩。黃檸檬削皮屑備用。奶油室溫軟化與麵粉、泡打粉混合均勻，再分次加入鮮奶油、全蛋，混合均勻，

3　麵糊中加入做法（1）的花椰菜和 50g 起司絲、黃檸檬皮屑，最後使用鹽、胡椒調味。

4　模型內放入已剪裁好同模型大、小的烤盤紙，並且使用少許奶油固定住。將麵糊倒入模型約 5 分滿，再撒上 10g 起司絲。

5　烤箱預熱，以溫度 200℃烤約 50 分鐘。蛋糕烤至上色後，取一小竹籤，插入蛋糕中間，若叉子不沾黏麵糊，便可出爐，馬上將蛋糕自熱烤盤移開，放在烤盤架上，當蛋糕冷卻後脫模。

… Tip

● 花椰菜一定要先燙過，再浸泡冰水，保持顏色、脆度，並去除菁味。

● 每一次調味一定要試吃，起司很鹹，增加起司分量則必須調整鹽的用量。

● 若沒有格魯耶爾 Gruyere 起司，也可以改成一般的 pizza 使用的起司絲。

後 記

今年，是我們認識的第六年，夏天超級悶熱，特別是在廚房工作，一如往常的忙碌，我的雙手沒停的在甜點上飛揚跳舞，專心讓我不能胡思亂想，不知怎麼卻忽然想起你，好久沒有這樣了，幾年前你幫我一起申請藍帶學校，之後，我們只見過一次面，但感情依舊像家人一樣好，也常在 msn 上聊天和互相鼓勵。

拖著疲憊的身體回到家，臨睡前，打開電腦忽然接到一通E-mail，你的表哥來信上說：你發生意外，上帝已經把你帶到天堂去了。我不可置信的馬上離線，我太累了，沒有心情跟大家開玩笑，也沒這份幽默感，我決定倒頭大睡。

第二天一早，我抱著棉被痛哭流涕，不敢相信人生怎會那麼無常，我還是換上制服照常的工作吧！原來你昨天是來看我，跟我道別的。想到你最愛吃的香蕉蛋糕，今天就來做香蕉蛋糕吧，我一直努力不讓眼淚掉下來，現在，香蕉蛋糕烤好了，我坐在電腦前面，等著你上線…

所有故事　隨著男主角的消失 一起落幕
永遠想念我的朋友 小麥克

感謝，意外帶來收穫

經歷許多生離、死別的意外，常常都讓人有感而發一定要「活。在。當。下」，
其實意外還會帶來想不到的收穫，「果醬女王之法國藍帶級甜點」這本書的概念，
對我來是一個收穫也是意外。

這本書的出版，要感謝的人很多：錢嘉琪小姐的發想，程顯灝先生和程安琪老師
讓我在他們家的廚房實現想法，鼎力相助的傅培梅基金會執行長潘秉新小姐，長
春藤法式餐廳鄭安石師傅的友情贊助，iuse 提供的美麗餐具，還有愛喝咖啡的美
編阿民及攝影師小周，大家通力合作讓這本書更完整。

在廚房試做糕點期間，好友 Lillian 送來礁溪林大哥自己種的有機番薯做為我的新
書「果醬女王」的賀禮，我把番薯帶到廚房，蒸好當午餐吃，吃著吃著，柳橙番
薯塔就此誕生。

柳橙蘋果司康的創作也是突發奇想，那一天，廚房裡有多餘的柳橙和蘋果，我順
手做成果醬，有一天努力揉著司康麵糰時，忽然瞄到桌上的果醬，靈機一動把果
醬混合到麵糰中，再減半司康的厚度和大小，這樣和餅乾一般大小的司康麵包，
不僅可以將奶油塗抹在表面上，直接吃也很方便。

最後還要感謝以下試吃團體所提供的意見，讓我不斷改進。

—板橋建和牙科醫生及護士及全體員工
—誠品信義店李絲絲及和她開會的同事們
—出版社的美齡、燕瓊、侯莉莉及全體員工
—蘇來及他的家人
—謝設設和她的男友

工具介紹 01

....

1 **去皮削器**：削果皮屑細絲狀使用。

2 **去皮削器**：削果皮屑極細絲使用。

3 **法國擀麵棍**：用於派皮、塔皮及麵糰，製作時能將麵皮平均伸展及塑型。

4 **刮板**：用於麵糰及塔皮製作，或幫助材料混合。

5 **量匙組**：用於秤量材料之茶匙與湯匙。

6 **橡皮刮刀**：可將材料乾淨的自攪拌盆中刮出，使用在攪拌時，以避免拌入大量空氣。

7 **去皮削器**：削果皮屑細狀使用。

8 **攪拌器**：打發蛋白、鮮奶油及混合材料使用。

9 **抹刀**：平整糕點表面之鮮奶油、慕斯及裝飾使用。

10 **木杓**：加熱材料時攪拌用，但不宜與食材一同久煮。

....

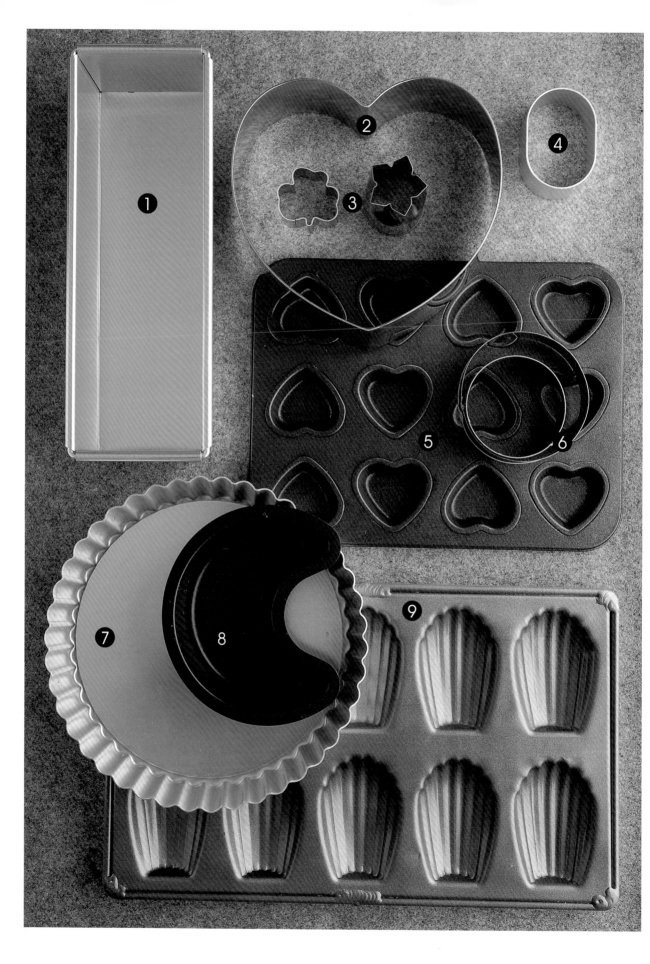

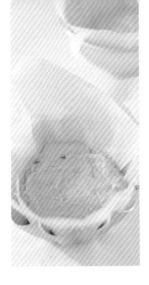

工具介紹 02

....

1 方型模：蛋糕模，烤其型蛋糕使用。

2 心型慕斯模：製做慕斯或蛋糕，烤其型蛋糕使用。

3 餅乾壓模：麵皮壓模將其餅乾烤成其型。

4 鳳梨酥模：麵皮壓模將其餅乾烤成其型。

5 心型蛋糕模：蛋糕模，烤其型蛋糕使用。

6 圓型慕斯模：麵皮壓模，烤其型派、塔時使用。

7 菊型塔模：製作塔皮、烤其型塔使用。

8 月型蛋糕模：蛋糕模、烤月型蛋糕使用。

9 貝殼模：製做瑪德蕾妮蛋糕使用。

....

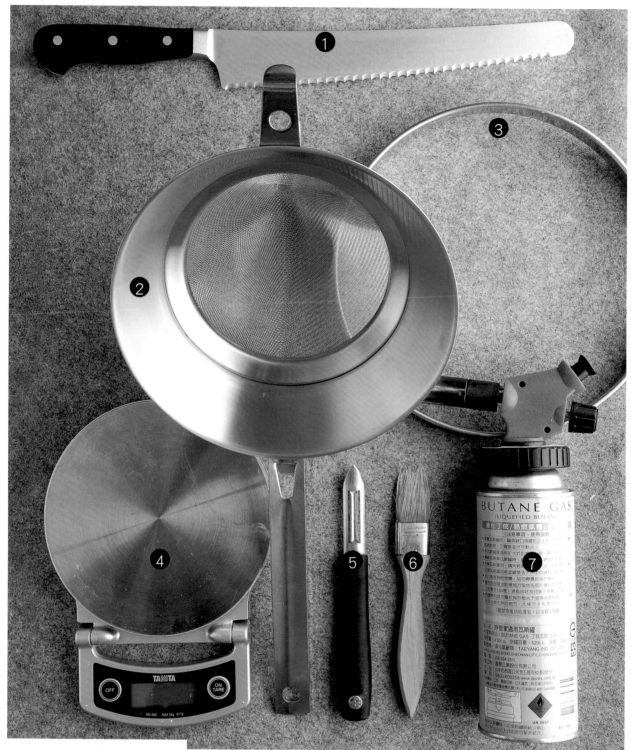

工具介紹 03

1 **鋸齒刀**：切麵包、糕點，使其切面乾淨無屑。

2 **圓錐型過篩網**：過篩醬汁使用。

3 **法國塔模**：無底的圈模，製作塔皮使用。

4 **磅秤**：秤量材料使用。

5 **削皮器**：削去水果皮及去水果蒂使用。

6 **毛刷**：糕點或麵包表面刷上蛋液使用。

7 **瓦斯噴槍**：將糖焦化使用。

8 黑色矽利康軟模：製作慕斯及烤其型蛋糕使用。

9 矽利康布：做為烤焙及拉糖工藝使用。

果醬女王之
Queen of the Confitures
法國藍帶級甜點

作　　者　于美芮
攝　　影　周禎和
發 行 人　程安琪
總 策 畫　程顯灝
編輯顧問　錢嘉琪
編輯顧問　潘秉新

總 編 輯　呂增娣
主　　編　李瓊絲、鍾若琦
編　　輯　程郁庭、吳孟蓉、許雅眉
編輯助理　鄭婷尹
美術主編　潘大智
封面設計　游騰緯
內頁設計　王欽民
行銷企劃　謝儀方
出 版 者　橘子文化事業有限公司

總 代 理　三友圖書有限公司
地　　址　106 台北市安和路 2 段 213 號 4 樓
電　　話　(02) 2377-4155
傳　　真　(02) 2377-4355
E — mail　service@sanyau.com.tw
郵政劃撥　05844889 三友圖書有限公司

總 經 銷　大和書報圖書股份有限公司
地　　址　新北市新莊區五工五路 2 號
電　　話　(02) 8990-2588
傳　　真　(02) 2299-7900

初　　版　2014 年 7 月
定　　價　新台幣 320 元
Ｉ Ｓ Ｂ Ｎ　978-986-364-015-8（平裝）

特別感謝：**i use** THE PLACE FOR COOKS　提供餐具拍攝

國家圖書館出版品預行編目 (CIP) 資料

果醬女王之法國藍帶級甜點 / 于美芮作. -- 初版.
-- 臺北市：橘子文化，2014.07
面；　公分
ISBN 978-986-364-015-8 (平裝)

1.點心食譜

427.16　　　　　　　　　　　　103012438